动物亲子团 1

- 体长：从鼻尖儿
- 尾长：尾巴的
- 分布：生活的
- 产仔数：一次生产后代的数量

※ 这里标示的数值，以成年动物为参考标准。

豹（黑豹）【食肉目 猫科】

体长 90~190 厘米　尾长 58~110 厘米
体重 37~90 千克　分布 非洲、亚洲
产仔数 1~6 个

老虎【食肉目 猫科】

体长 140~280 厘米　尾长 60~110 厘米
体重 75~300 千克　分布 亚洲
产仔数 2~4 个

狮子（白狮）【食肉目 猫科】

体长 160~250 厘米　尾长 70~105 厘米
体重 120~250 千克　分布 非洲、印度
产仔数 1~5 个

狼【食肉目 犬科】

体长 80~160 厘米　尾长 32~56 厘米
体重 20~80 千克　分布 欧洲、亚洲、北美洲
产仔数 1~11 个

红颈沙袋鼠【袋鼠目 袋鼠科】

体长 65~95 厘米　尾长 62~88 厘米
体重 10~30 千克　分布 澳大利亚的东南部、塔斯马尼亚岛
产仔数 1 个

水豚【啮齿目 豚鼠科】

体长 105~135 厘米　尾长 0 厘米
体重 35~65 千克　分布 南美洲
产仔数 1~10 个

宝宝馆　游览说明

日龄：指从出生日算起的完整天数。

对于体形比较大的动物宝宝，白色方框圈起来的部分就是照片所展示的身体部位。

种名：物种的名称。

照片上动物宝宝的拍摄信息。

通过照片可以观察到的动物宝宝的身体特征。

介绍这种动物宝宝的部分特征和习性，可以作为去动物园或水族馆实地观察的参考。

照片上的动物宝宝都是原大。

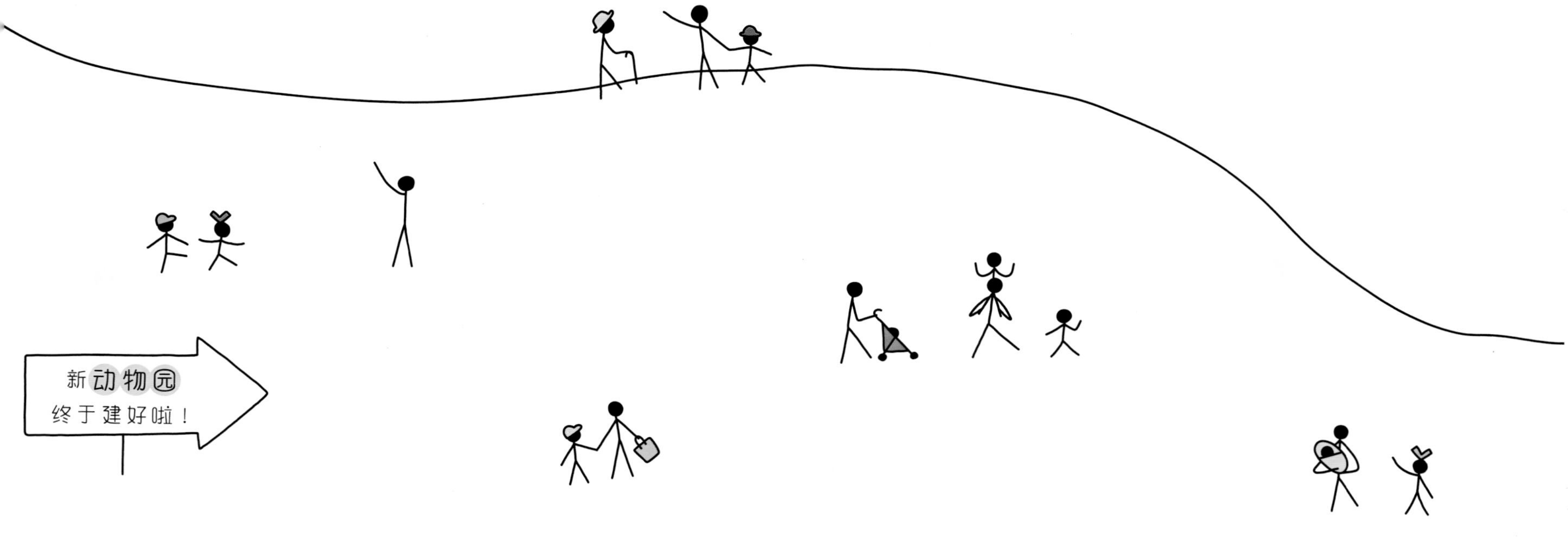

震撼之书
动物原来这么大

宝宝馆

监修●〔日〕小宫辉之（日本东京上野动物园第15任园长） 摄影●〔日〕尾崎环
绘●〔日〕柏原晃夫 文●〔日〕高冈昌江 译●王志庚

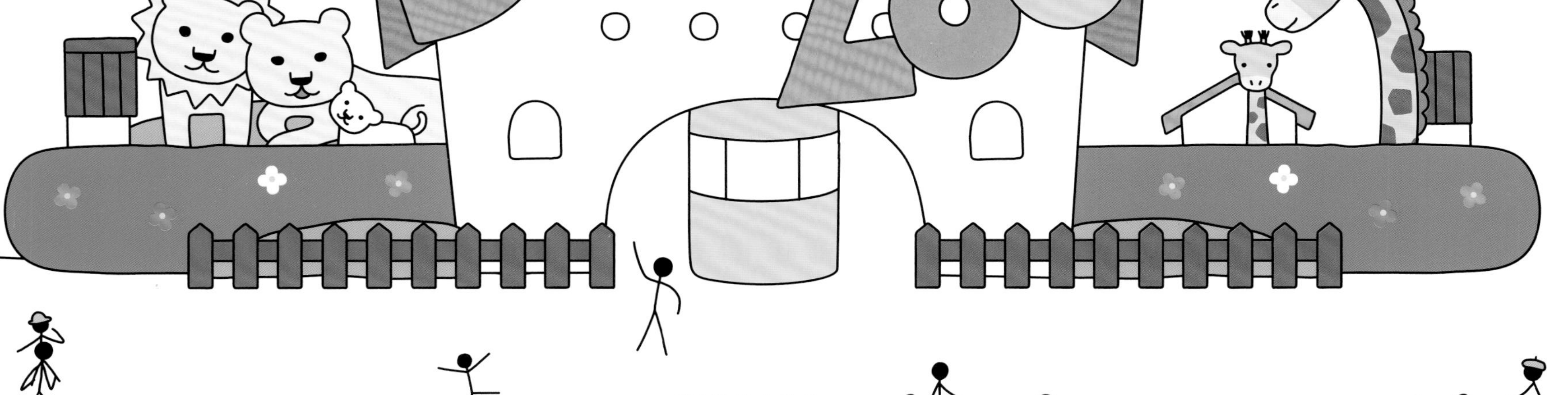

海豚出版社
DOLPHIN BOOKS
CIPG
中国国际出版集团

目录

黑猩猩 6·7
老虎 12·13
豹（黑豹） 14·15
狮子（白狮） 16·17
袋鼠 18·19
犀牛 22·23
貘 24·25
水獭 30·31
狼 34·35
水豚 42·43
袋鼠宝宝，你好！
貘宝宝和妈妈长得一点儿都不像呀！
黑猩猩宝宝一直黏在妈妈身上。
黑豹宝宝和白狮宝宝，终于见到你们啦！
水獭妈妈用嘴轻轻地叼着宝宝呢！

树懒 20·21
食蚁兽 36·37
野猪 28·29
接下来，
我们讲讲树懒
和食蚁兽的故事吧。
哇！这个企鹅宝宝
好像毛绒玩具啊！
羊驼 38·39
企鹅 8·9
马 10·11
鹿 26·27
野牛 32·33
大熊猫妈妈的抱抱
看上去好舒服啊！
熊 40·41
长颈鹿的腿从小
就这么长啊！
大熊猫 4·5
长颈鹿 44～47

大熊猫：食肉目 熊科
拍摄地点：日本和歌山冒险大世界
拍摄时间：2010 年
性别：雌性

大熊猫

大熊猫宝宝浑身软绵绵的，
像棉花糖一样。
它用前脚撑着地，
抬起大大的脑袋。

出生
第120天

仔细找找看

圆圆的耳朵！
长大后就会变成饭勺的形状。

黑眼圈里
一对亮晶晶的
大眼睛。

前后脚长着
细长的爪！
都是 5 趾哟！

黑鼻头。

身上长满了
黑白相间的毛。
黑毛在这些地方！

大熊猫宝宝成长小档案

1 刚出生时，全身呈粉色，长着稀疏的白色绒毛。 1~2 周时，耳朵、肩部和四肢开始长出黑色的毛。

全长只有 20 厘米左右，体重 100 克左右，非常小。

2 大熊猫妈妈在给宝宝喂奶。

3 吃完奶的大熊猫宝宝，快乐地玩耍起来。

4 大熊猫宝宝断奶后，除了吃竹子，就是睡大觉。

黑猩猩

出生
第119天

黑猩猩宝宝的大眼睛滴溜溜地转着，
它发现什么了？
“好想摸摸它啊，可是，又有点儿害怕！”
它的手和脚都是软软嫩嫩的。

黑猩猩：灵长目 人科
拍摄地点：日本日立市卡米奈动物园
拍摄时间：2012 年
性别：雄性

仔细找找看

脸上有很多褶皱！

嘴巴周围长着白色的毛！

耳朵大大的！

身上长满黑色的毛。

长着 5 根脚趾，可以看见趾甲哟。

虽然照片里看不到，但它的手也是 5 根手指。手心和脚心是不长毛的。

黑猩猩宝宝成长小档案

1 宝宝总是黏在妈妈怀里，让妈妈抱着。
屁股上长着毛茸茸的白毛。
2 学会走路后，还总是……
3 妈妈走路的时候，它总爱抱着妈妈的肚子。
4 长大后，它的脸、耳朵、手和脚的皮肤都会变得黑黑的。

企鹅

出生
第42天

这只企鹅宝宝浑身肉墩墩的，
它是企鹅家族中个头最大的
帝企鹅的宝宝。
它圆鼓鼓的大肚子里，
装满了爸爸和妈妈带回来的食物。

帝企鹅：企鹅目 企鹅科
拍摄地点：日本和歌山冒险大世界
拍摄时间：2011 年
性别：雌性

仔细找找看

它的嘴巴叫喙，
短短的、黑色的。
喙的前端是白色的。

脸是黑白
相间的。

肉墩墩的身体上
长满灰色的绒羽。

翅膀长得
像胳膊一样。

粗大的脚趾上
长着长长的爪。
脚上是不长毛的哟。

企鹅宝宝
成长小档案

1 企鹅是鸟，
是从蛋里孵出来的。
爸爸也要
负责孵蛋。

2 爸爸和妈妈从嘴里吐出小
鱼和鱿鱼喂宝宝吃。

3 长到 3 个月时，就会生出
新的防水羽毛。
用嘴巴整理羽毛。
之前的绒羽就
慢慢脱落了。

4 当喙的下方和眼睛后面的
羽毛变成橙色的时候，企鹅
宝宝就完全长大了！

马

马宝宝的眼睛大大的，
眼睫毛长长的。
吃完妈妈的乳汁，
肚子饱饱的，
它要睡午觉了。

出生
第82天

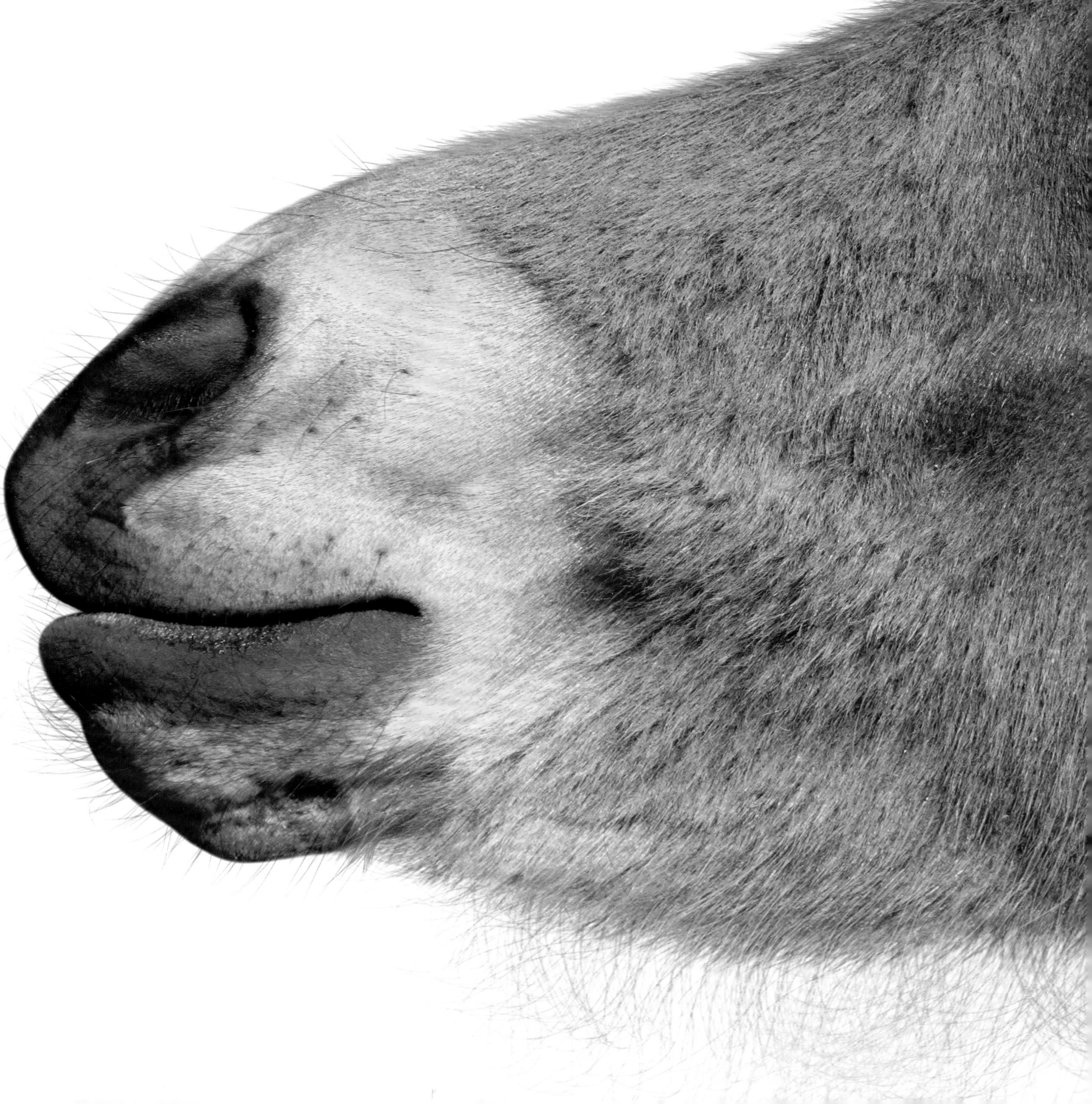

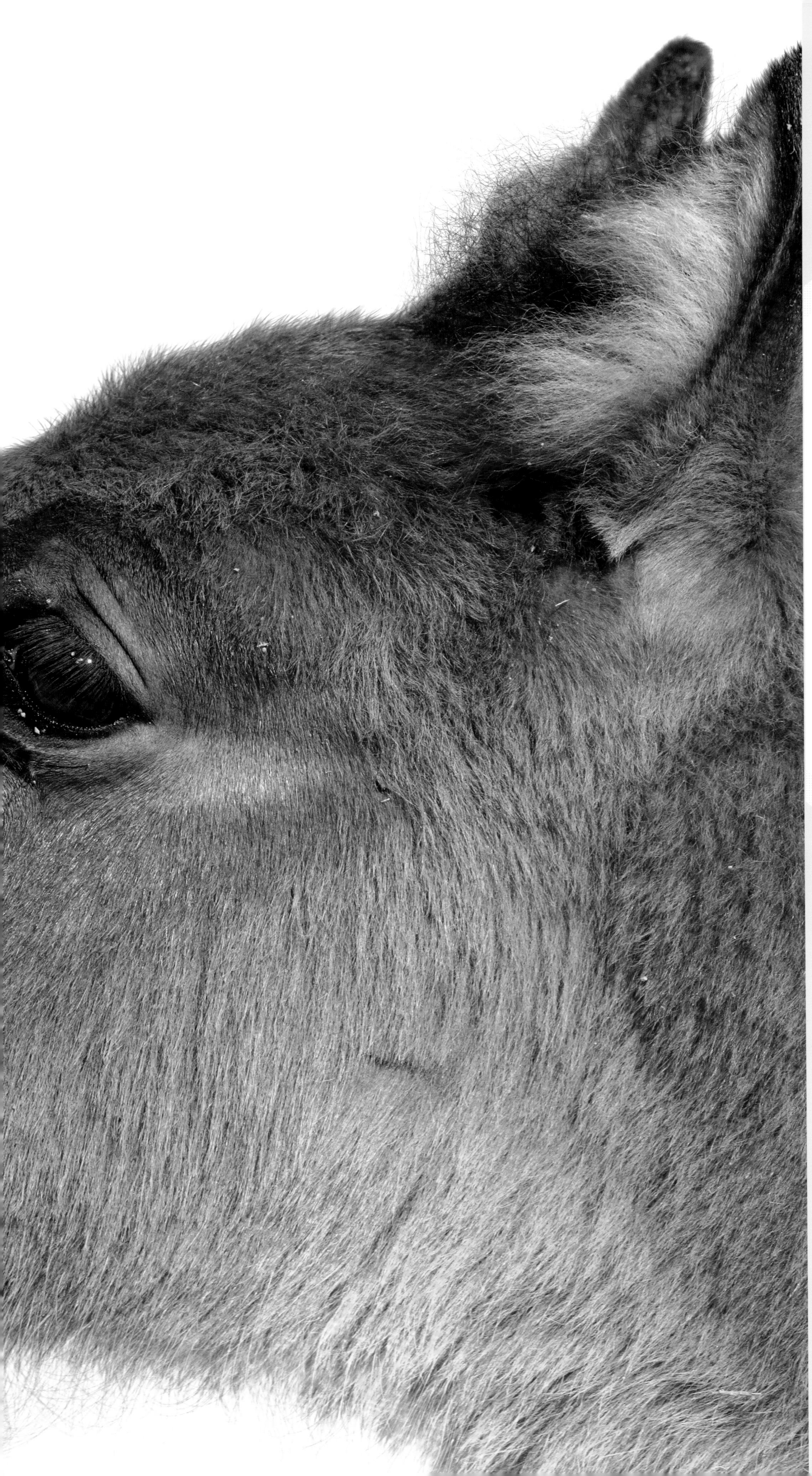

木曾马：奇蹄目 马科
拍摄地点：日本东京上野动物园
拍摄时间：2010 年
性别：雌性

仔细找找看

脸上毛茸茸的，像毛毯似的。
眼睛、鼻子和嘴巴周围的毛短短的。

耳朵里也长着毛呢。

长长的马脸，鼻子和嘴巴在最前端。
鼻子和嘴巴周围长着一些黑色的毛。

下巴上也长着长长的、浓密的毛。

马宝宝成长小档案

1 小马一直都和妈妈在一起。
2 小马睡觉的时候，妈妈就在身边守护着。
3 半年后，小马长大了许多，吃奶也越来越费劲儿。
4 跟妈妈分开的时间越来越长，就这样慢慢长大了。
妈妈
孩子

老虎：食肉目 猫科
拍摄地点：日本富士野生动物园
拍摄时间：2010 年
性别：雄性

老虎

出生
第46天

哇呜！哇呜！哇呜！
老虎宝宝哭着找妈妈呢。
洪亮的叫声和肥厚的前脚
都是天生的哟！

仔细找找看

粉色的舌头！

鼻子周围长着白色的胡须！

黄色的身体上有黑色的条纹。

胸前的毛是发白的。

前脚肥厚。
脚趾也很粗！

老虎宝宝 成长小档案

1 刚出生的时候，眼睛是闭着的。

2 像个大肉虫似的扭来扭去，扭到妈妈身边。

3 和兄弟姐妹们一起玩耍，一起嚎叫，很快就长大了。

4 2 岁时，就可以独立生活了。

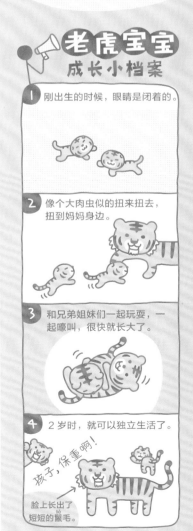

孩子，保重啊！
脸上长出了短短的鬣毛。

豹（黑豹）

出生
第47天

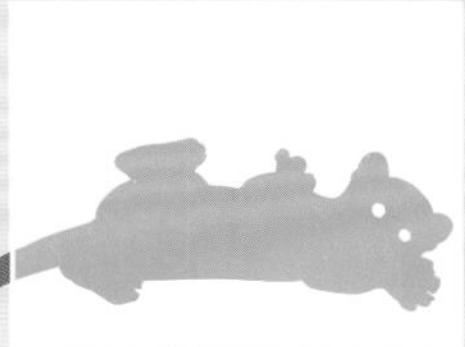

豹（黑豹）：食肉目 猫科
拍摄地点：日本富士野生动物园
拍摄时间：2012 年
性别：雌性

全身黑黝黝的，
这是黑豹宝宝。
快看它的小肚子上，
黑色的斑点很明显呢。

仔细找找看

浅绿色的眼睛。

嘴巴周围长着白色的长胡须！

黑色的鼻头！

长着毛的前脚掌心！
5 根脚趾上有白色的爪。像个大肉瘤似的东西叫“掌垫”，有防滑的作用。

细长的后腿。
后脚有 4 根脚趾，长着爪和掌垫。

豹宝宝 成长小档案

1
普通的豹子夫妇也可能生下黑色的小豹。
妈妈
爸爸
兄弟姐妹
这说明小豹子的祖先里有黑豹。
比如，它的奶奶。
2
从小就最喜欢往高处攀爬。
3
不过有时候爬得太高，就不敢跳下来了。
妈妈

狮子

（白狮）

狮子（白狮）：食肉目 猫科
拍摄地点：日本伊豆动物王国
拍摄时间：2012 年
性别：雌性

看完黑黝黝的黑豹宝宝，
再来看看全身白白的狮子宝宝吧。
它那一身白色的绒毛，
就像一层白白的雪。

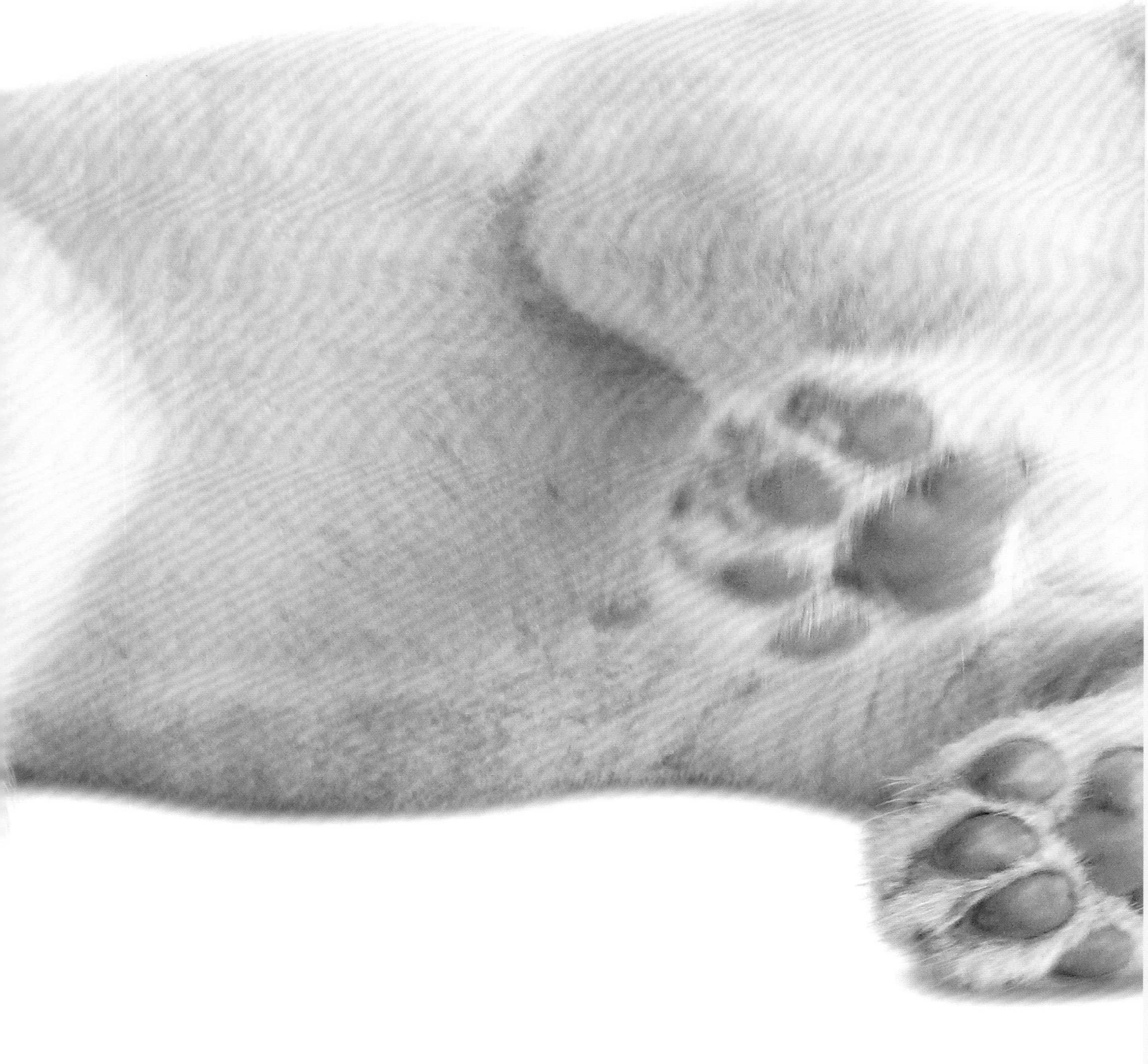

仔细找找看

大大的耳朵。
耳窝里长着白毛。

眼睛上方和嘴巴周围长着白胡须！

粉色的鼻头！

粗壮的前腿。
尖尖的爪。

后脚上有粉色掌垫！
普通狮子的掌垫是黑色的。

狮子宝宝成长小档案

1. 虽然是白色的，但和普通的小狮子是同类。

普通的小狮子身上有斑点。
白狮宝宝身上的斑点很浅，看不清。

2. 啊，妈妈的颜色怎么是像奶油一样的淡黄色？

妈妈舔着宝宝的小屁股，是在催它拉臭臭呢。

3. 过了 2 个月左右，小宝宝的颜色也会渐渐变成淡黄色。

4. 白狮长大后，也无法变成普通颜色的狮子，还是白狮子！

白狮和白狮结婚，多数时候会生下白色的小狮子。

袋鼠

从育儿袋里
伸出头来的
第 172 天

叽、叽、叽、叽、叽！

袋鼠妈妈在喊袋鼠宝宝回家呢。
“宝贝儿，该回家喽！”
小袋鼠长大了，它已经无法再回到育儿袋里，
不过，它还会跟妈妈共同生活一段时间。

红颈沙袋鼠：袋鼠目 袋鼠科
拍摄地点：日本那须动物王国
拍摄时间：2011 年
性别：雄性

仔细找找看

鼻子的下面是长满软毛的嘴巴。
上嘴唇是裂开两瓣的。

嘴角有白色的毛。

前腿短，后腿长！
前后腿的脚爪部分是黑色的，长着长长的爪。

健壮的身体。
后颈和两肩是棕红色的，肚子上的毛是白色的。

粗壮的大尾巴。

袋鼠宝宝成长小档案

1 刚出生时，只有 2 厘米长、体重 1 克左右，小小的，像一颗豆子。

在妈妈的育儿袋里不停地吸食乳汁。

2 小宝宝一直住在育儿袋里，6 个月时才能睁开眼睛，小脑袋会从育儿袋里伸出来。

开始跟着妈妈学习吃草。

浑身的毛长好后，才从育儿袋里出来走动。每天进进出出，要持续 3 个月才真正出来。

3 这时候，小宝宝终于从育儿袋里毕业啦。不过，小袋鼠还要再吃 3 个月妈妈的乳汁。

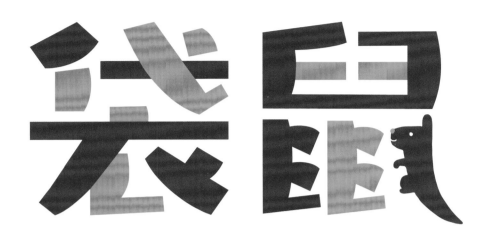

树懒

二趾树懒：披毛目 二趾树懒科
拍摄地点：日本千叶市动物公园
拍摄时间：2013 年
性别：不详

出生
第 72 天

树懒宝宝一直趴在树上。
不过没关系，它是不会掉下来的。
它的腿和爪牢牢地抓着树干呢。

仔细找找看

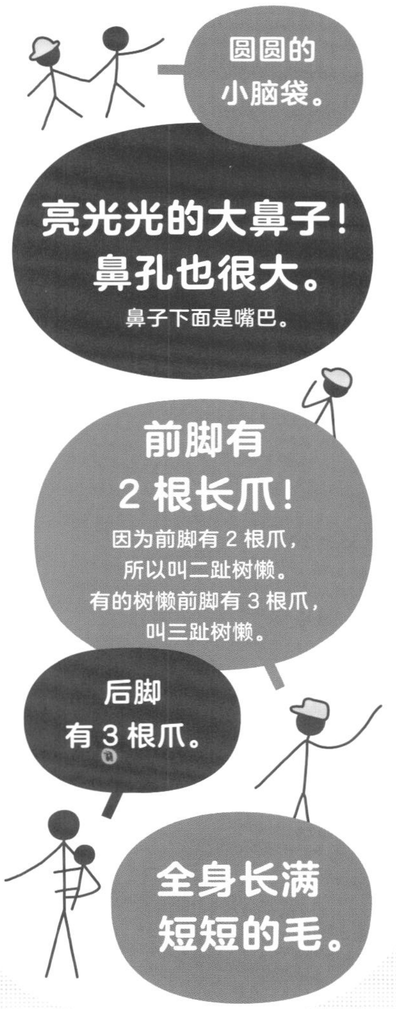

圆圆的小脑袋。
亮光光的大鼻子！鼻孔也很大。
鼻子下面是嘴巴。
前脚有 2 根长爪！
因为前脚有 2 根爪，所以叫二趾树懒。有的树懒前脚有 3 根爪，叫三趾树懒。
后脚有 3 根爪。
全身长满短短的毛。

树懒宝宝成长小档案

1 肚子鼓鼓的，体形像个大鸭梨。

2 总是趴在妈妈的肚子上。

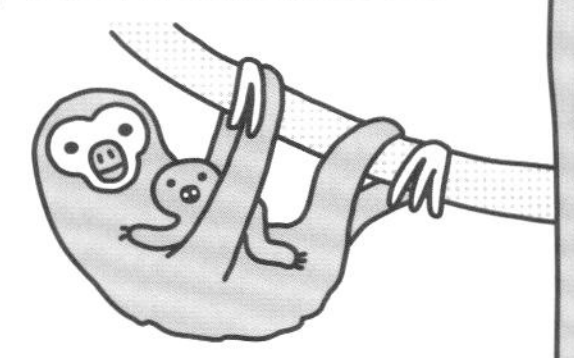

3 3 个月后，它就能自己倒挂在树上了。

腿的力量逐渐变强。

4 长大后，全身长满长毛，看上去就像一个挂在树上的鸟窝。

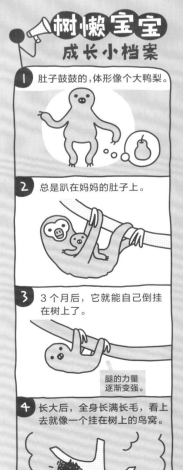

犀牛

出生
第 132 天

今天是犀牛宝宝的喝奶日。
饲养员用水桶给它当奶瓶。
咕嘟！咕嘟！
太好喝了，鼻涕都流出来了。
咕嘟！咕嘟！

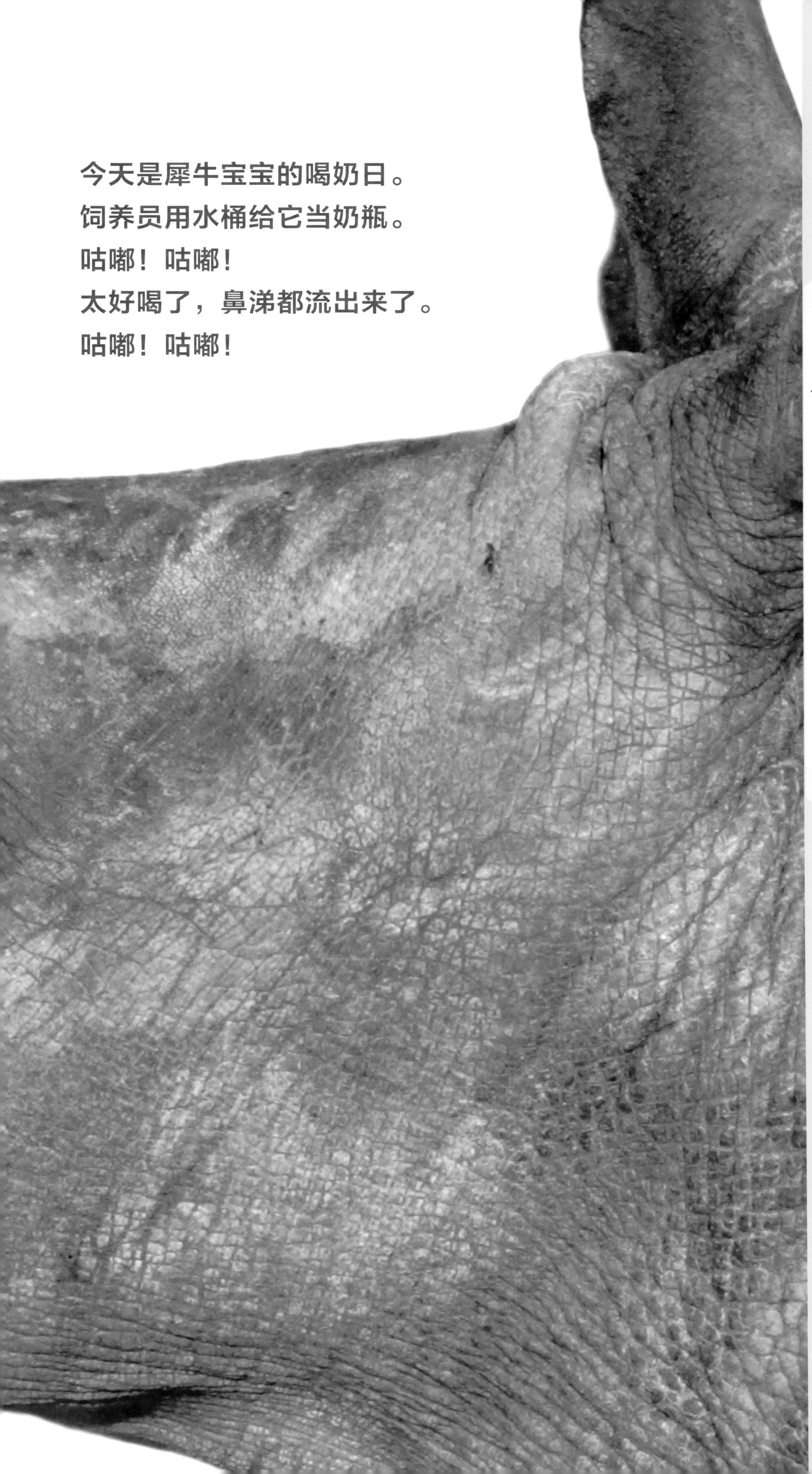

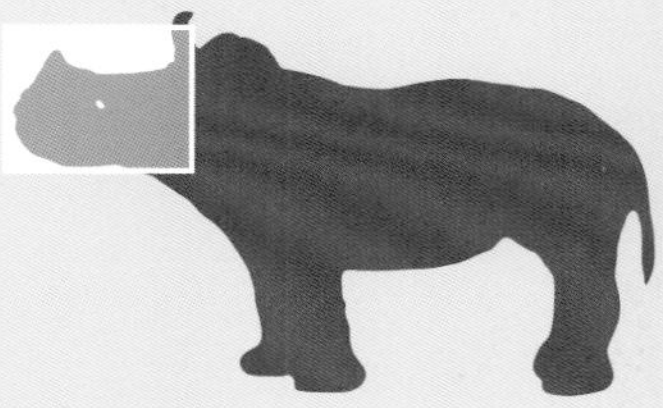

白犀：奇蹄目 犀科
拍摄地点：日本富士野生动物园
拍摄时间：2011 年
性别：雄性

仔细找找看

长方形的脸。
脸上满是褶皱，没有毛。

刚好能看到耳朵。

眼睛周围也都是褶皱。

小小的犀牛角！
随着宝宝逐渐长大，角也会长大的。在这根角的后面，还会长出一根角来。

好大好大的鼻孔啊！
鼻子下面是嘴巴。

犀牛宝宝成长小档案

1 哞啊——哞啊——
小犀牛叫着，它要吃奶了。

2 妈妈站着给宝宝喂奶。

3 鼻子上面的角先长出来，
1 岁半的时候，
第 2 根角也长出来了。

4 小犀牛的身体越来越大，
慢慢地它就不吃奶了。

貘

出生
第 25 天

棕色的身体上带着白色的斑点和条纹，
这就是貘（mò）宝宝。
看上去就像阳光透过树叶
照在身上的样子。

马来貘：奇蹄目 貘科
拍摄地点：日本东武动物公园
拍摄时间：2012 年
性别：雄性

仔细找找看

大大的耳朵。
只有耳朵尖儿是白色的！

长脸，长鼻子。
上嘴唇与鼻子合为一体。长长的鼻子很像大象的鼻子。

鼻子和嘴巴周围长着细细的胡须。

嘴里长着小小的牙齿。

细长的前腿！
脚趾和蹄子粗大，看上去很结实。

貘宝宝 成长小档案

1 出生 3 个月后，斑点和条纹开始褪去。

这时候常被叫作“小猪崽”。

6 个月时就和爸爸妈妈长得一样了。

2 鼻子的动作越来越灵活，开始到处拉便便。

噗！

用便便占领地盘。

3 眼睛一直都是小时候的样子，小小的，圆圆的。

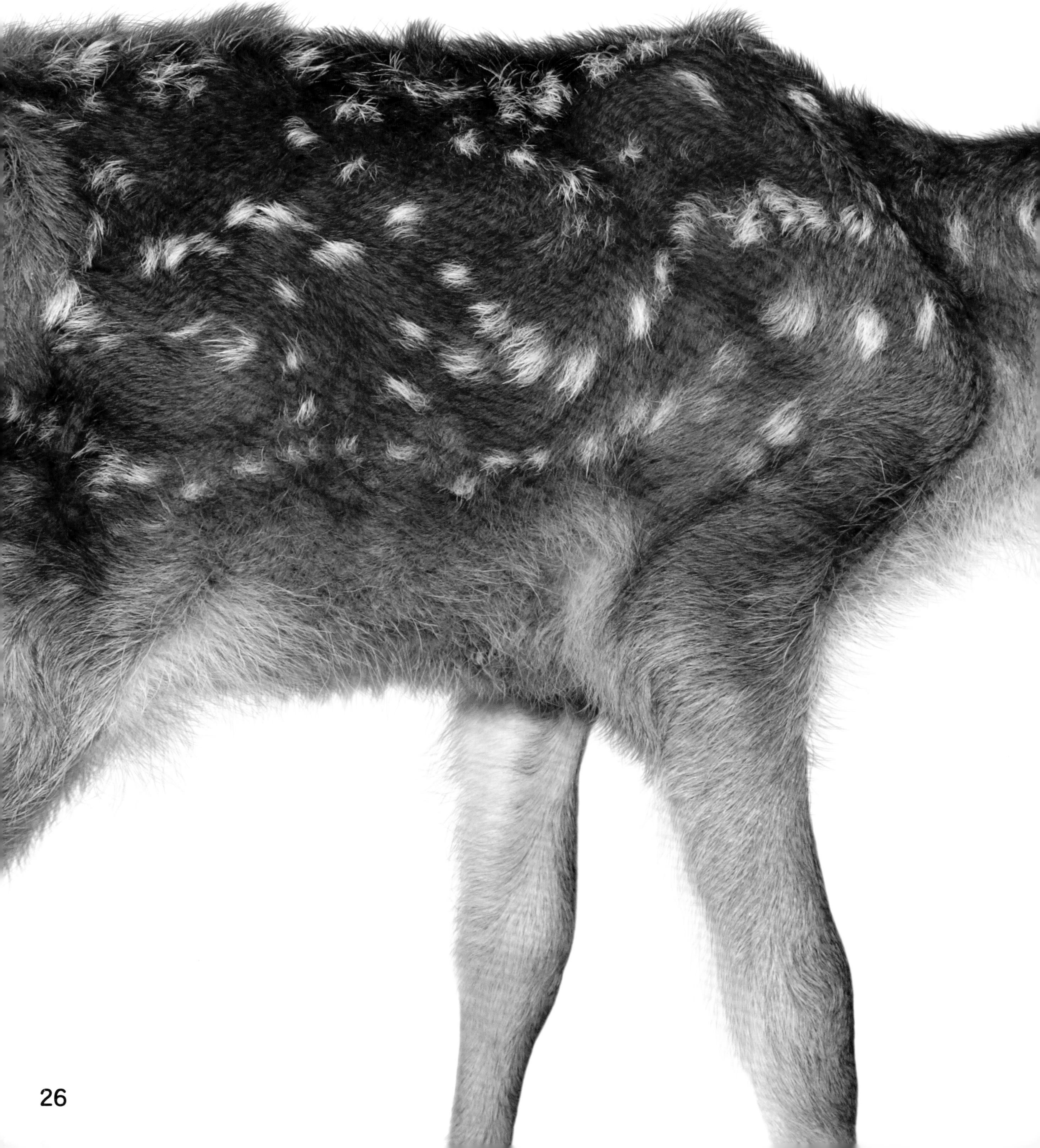

马鹿：偶蹄目 鹿科
拍摄地点：日本秋吉台野生动物园
拍摄时间：2010 年
性别：雄性

仔细找找看

长长的脸。

椭圆形的眼睛，金黄色的睫毛！
眼球也是椭圆的。

眼角前方棕色的地方，会流出带有气味的液体。

下面的门牙露在外面！
上面没有门牙。

全身长满密密的毛。
除了脸、脖子的下方、肚子和腿部，其余的地方都有白色的斑点。

鹿

出生
第 31 天

夏天里出生的鹿宝宝，
全身长满斑点，
就像夏天的阳光一样，闪闪烁烁的。
斑点是鹿宝宝的标志。

鹿宝宝成长小档案

1 刚生下来的小鹿，马上就能站起来找奶喝。

2 身上的斑点会慢慢地消失，1 岁的时候，就和妈妈一样了。

3 2 岁的雄性小鹿，会在春天里长出鹿角。鹿角每年都会换，长大后，就会长出分叉的大鹿角。

比起吃奶，野猪宝宝更爱吃蔬菜。
当身上的条纹变淡了，
野猪宝宝就长大了。

野猪

出生
第150天

日本野猪：偶蹄目 猪科
拍摄地点：日本福知山市动物园
拍摄时间：2010 年
性别：雄性

仔细找找看

突出的大鼻子！
鼻头上不长毛。

身上长满密密的、硬硬的毛。

脊背又平又直。

前后脚上都长着主蹄和悬蹄。

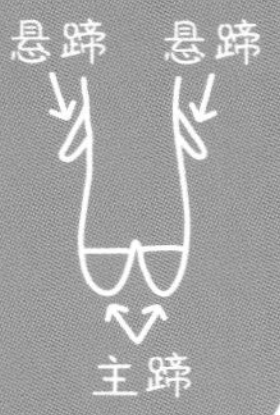

主蹄用来支撑站立，悬蹄在走泥地时可以防止滑倒。

尾巴短短的。

野猪宝宝成长小档案

1 春天来了，在野猪妈妈做的窝里，很多只小野猪出生了。

2 刚出生的时候，它们棕色的身上长着白色的斑纹。

野猪宝宝也被叫作“小猪崽”。

3 每只小野猪都有属于自己的奶头，兄弟姐妹们相处融洽，咕嘟咕嘟……

4 1岁时，身上的斑纹消失，小野猪长大了。

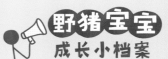

密密麻麻的鬃毛。
脸也是毛茸茸的。
矮墩墩的身材。

水獭

出生
第126天

水獭（tǎ）宝宝浑身湿漉漉的，
刚才它在练习游泳呢。
现在，它的眼睛睁得圆圆的，
好像在说：我饿了。

亚洲小爪水獭：食肉目 鼬科
拍摄地点：日本二见海洋乐园
拍摄时间：2012 年
性别：雌性

仔细找找看

平平的头顶。

鼻子和嘴巴周围长着长胡须！
在水中捕食时，胡须能够帮助它感知水的流向。

右前腿的根部也有起着相同作用的白胡须似的长毛。

脚趾上长着小小的爪！
脚趾间有蹼。
前后腿都短短的。

身体长长的，尾巴也长长的。

水獭宝宝成长小档案

1 出生后的 40 天里，它们还不会睁眼，走路也很困难。

2 爸爸和妈妈一起照顾着小水獭们。

爸爸
妈妈
用嘴叼着小水獭搬家。

3 又过了 2 个月，就开始游泳训练了。

扑通！
叼着小水獭，练习涉水。

4 当小水獭长得和爸爸妈妈一样大了，它们还是会经常在一起，真是一个和睦的家庭啊！

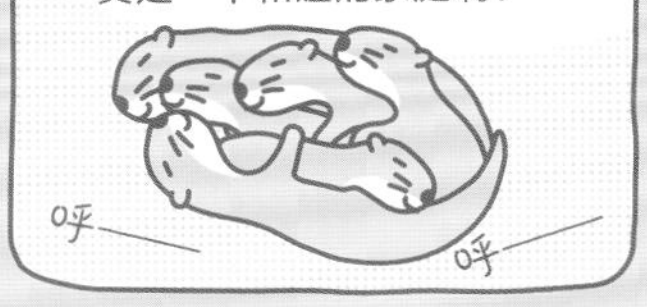
呼
呼

出生
第 18 天

野牛

毛茸茸的野牛宝宝，
卧在干草上，
乌黑的眼睛无精打采的，
妈妈就在旁边，安心地睡一觉吧！

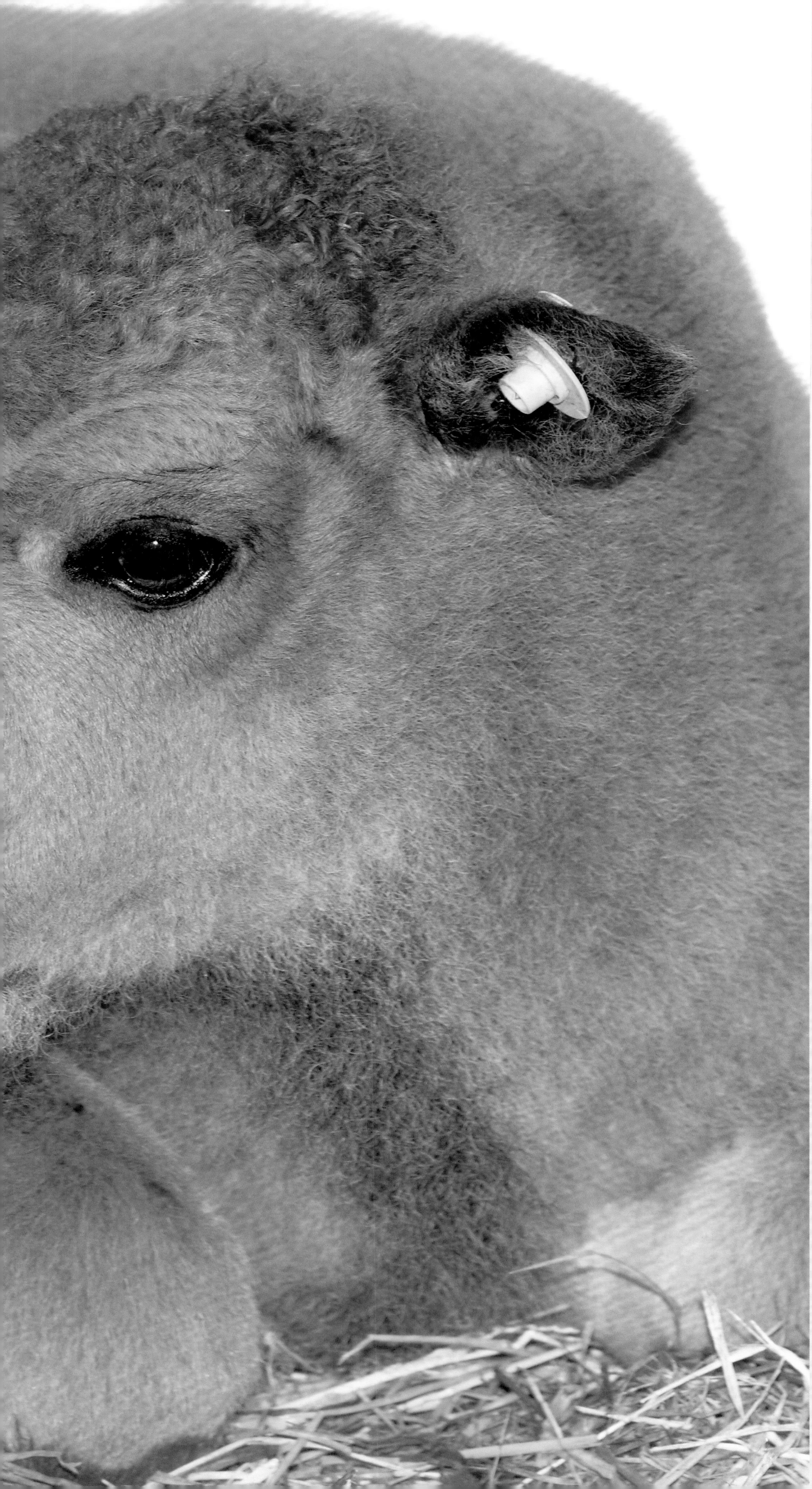

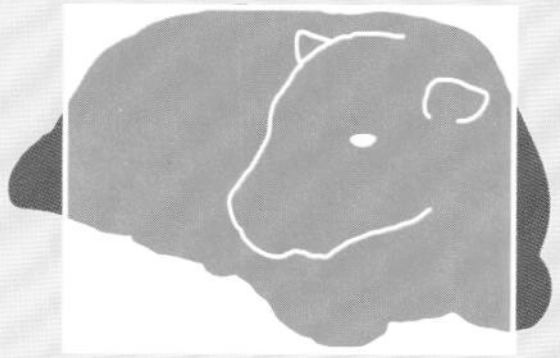

美洲野牛：偶蹄目 牛科
拍摄地点：日本富士野生动物园
拍摄时间：2012 年
性别：雌性

仔细找找看

头上的毛又厚又密！

耳朵上有个圆标签。
这是动物园用来管理每个动物个体信息的。

长长的眼睫毛。

鼻孔是横向开口的！

平平的鼻头和嘴巴。

野牛宝宝成长小档案

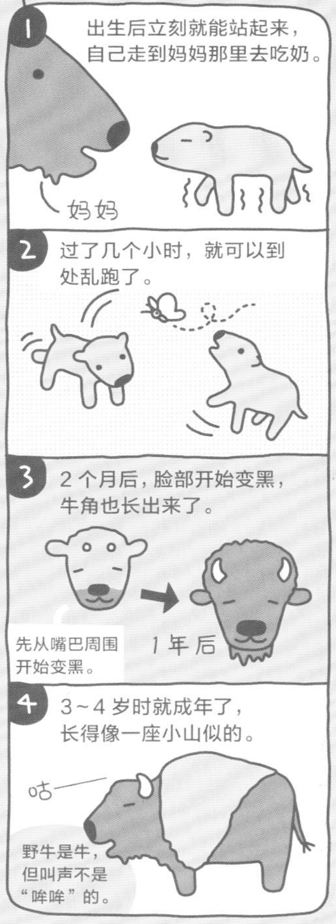

1 出生后立刻就能站起来，自己走到妈妈那里去吃奶。
妈妈
2 过了几个小时，就可以到处乱跑了。
3 2 个月后，脸部开始变黑，牛角也长出来了。
先从嘴巴周围开始变黑。
1 年后
4 3～4 岁时就成年了，长得像一座小山似的。
咕
野牛是牛，但叫声不是“哞哞”的。

狼：食肉目 犬科
拍摄地点：日本札幌市圆山动物园
拍摄时间：2011 年
性别：雄性

仔细找找看

尖尖的三角形耳朵！

圆溜溜的眼睛。
眼神越来越犀利。

嘴巴周围有长长的胡须！

全身的毛密密的，乱蓬蓬的。

狼

出生
第64天

粉色的小舌头耷拉着，
咦，狼宝宝怎么长得像只狗呢？
别急，随着鼻子越长越长，嘴巴越长越大，
它就越来越像一只狼了。

狼宝宝成长小档案

1 小狼出生在妈妈挖的地下巢穴里。

2 大约 3 周后，开始走出巢穴。全家一起在巢穴前欢迎。

3 家庭成员吐出捕食到的肉喂养小狼。小狼开始练习向着远方嗥（háo）叫。

4 半年后，和爸爸妈妈、哥哥姐姐站在一起，就很难看出差别了。

棕色的毛
变成灰色的。
鼻子长长的，
脸也变尖了。

食蚁兽

出生第71天

食蚁兽宝宝的身形和全身的毛，
都和妈妈是一样的，
只是它的脸比妈妈的要短一些，
这样吃起奶来更方便。

大食蚁兽：披毛目 食蚁兽科
拍摄地点：日本东京
上野动物园
拍摄时间：2013 年
性别：雌性

仔细找找看
小小的眼睛。
长长的脸上长着小小的鼻子和嘴巴！
从脖子到肩膀有一条黑带。
背部、前腿和尾巴上混杂着一些白毛。
后腿脚趾上有爪。

食蚁兽宝宝成长小档案
1
用长长的、锋利的爪，抓住妈妈的后背，让妈妈驮着。
右前爪
由于妈妈和宝宝身体的颜色相同，几乎看不出来妈妈身上背着宝宝。
2
6 个月的时候，还在咕嘟咕嘟地吃奶。
伸出长长的舌头，大口大口地吃奶。
3
1 岁时，不再趴在妈妈背上，开始下地走路。
妈妈

羊驼

出生
第 45 天

羊驼宝宝嘴边那些白色的东西是胡须吗？
当然不是啦！
那是刚刚吃完的妈妈的乳汁。

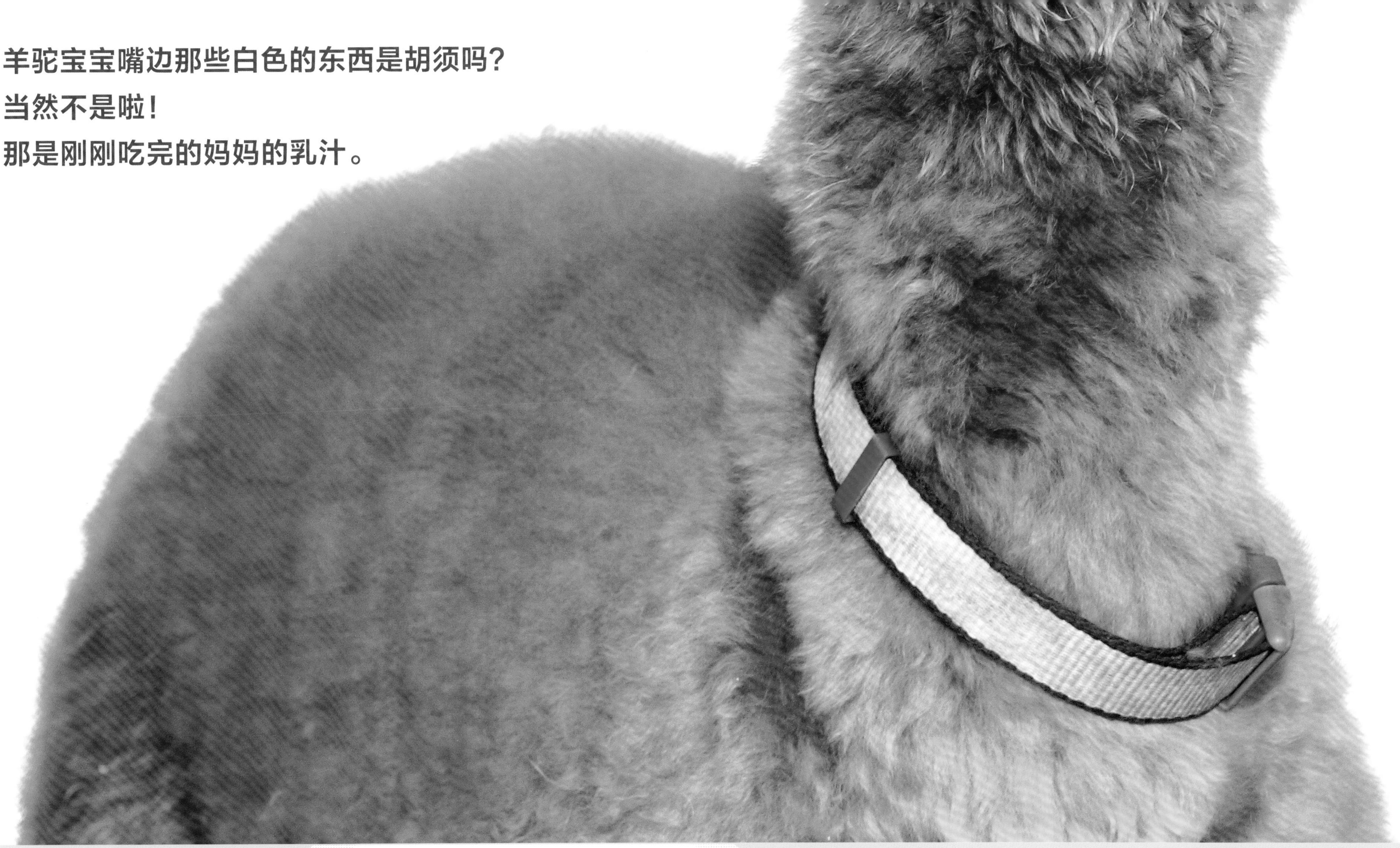

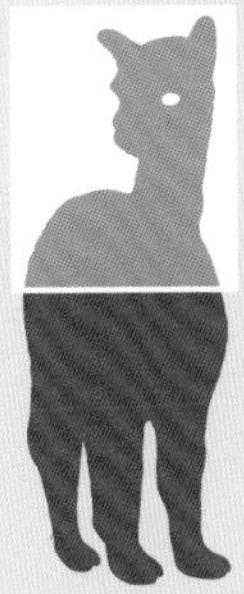

羊驼：偶蹄目 骆驼科
拍摄地点：日本那须动物王国
拍摄时间：2011 年
性别：雌性

仔细找找看

长长的耳朵。 耳朵里也长毛。

黑色的大眼睛。 眼睫毛又长又密。

鼻子和上嘴唇的颜色有些发黑。 上嘴唇是两瓣的。

浑身长着细密的毛。 脖子和胸部的毛是最柔软的。

羊驼宝宝成长小档案

1 刚生下来，就能卧着一动不动。
2 当湿漉漉的身体干燥后，就会站起来吃奶。
3 1 岁左右，在吵架的时候，会吐臭口水。
4 这是学会了反刍的标志。成年羊驼都会反刍。
反刍就是让吃到胃里的草返回到口中进行咀嚼后，再咽回胃里。

熊……

出生第153天

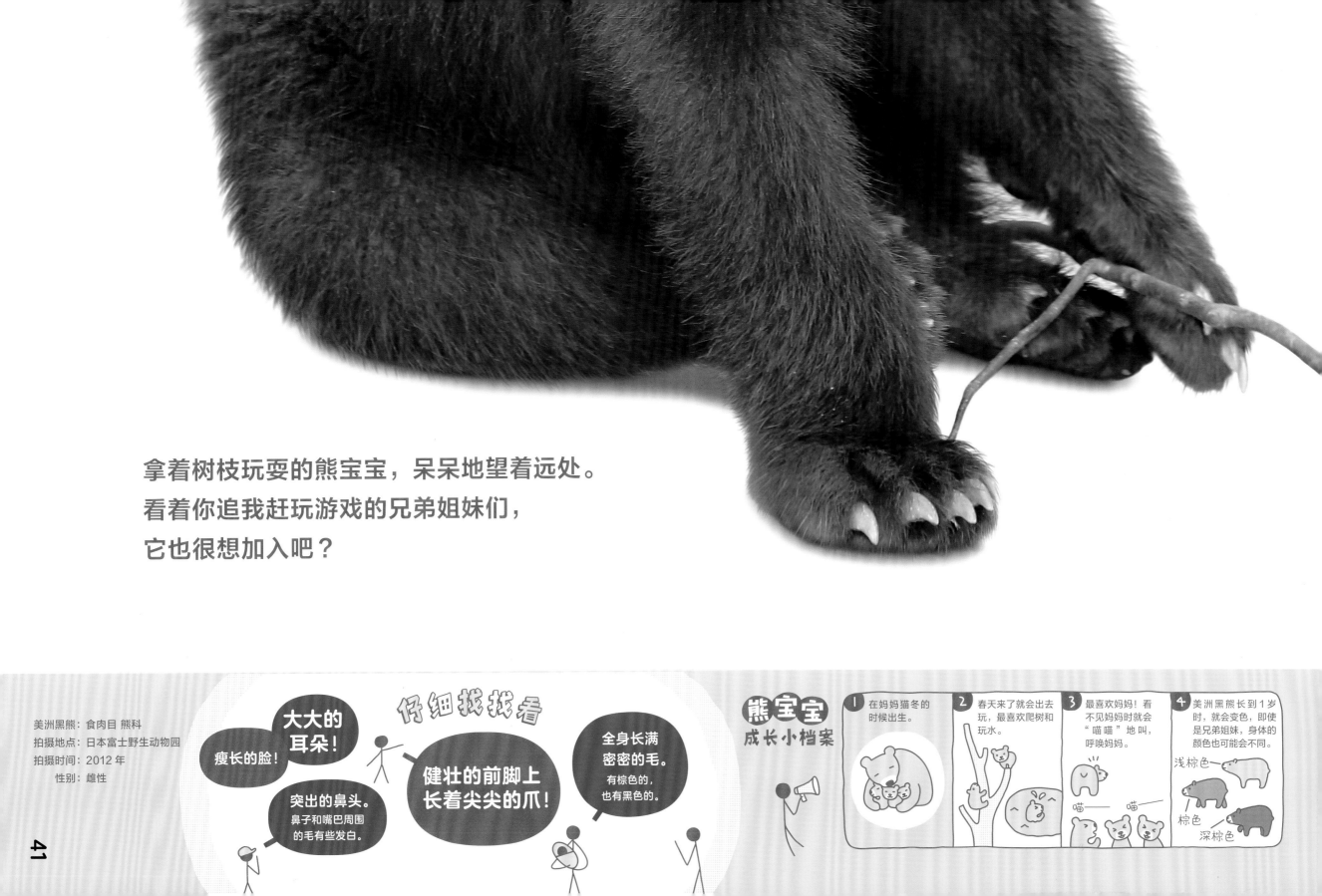

拿着树枝玩耍的熊宝宝，呆呆地望着远处。
看着你追我赶玩游戏的兄弟姐妹们，
它也很想加入吧？

美洲黑熊：食肉目 熊科
拍摄地点：日本富士野生动物园
拍摄时间：2012 年
性别：雌性

仔细找找看

大大的耳朵！
瘦长的脸！
突出的鼻头。鼻子和嘴巴周围的毛有些发白。
健壮的前脚上长着尖尖的爪！
全身长满密密的毛。有棕色的，也有黑色的。

熊宝宝成长小档案

1 在妈妈猫冬的时候出生。
2 春天来了就会出去玩，最喜欢爬树和玩水。
3 最喜欢妈妈！看不见妈妈时就会“喵喵”地叫，呼唤妈妈。
喵——
喵——
4 美洲黑熊长到 1 岁时，就会变色，即使是兄弟姐妹，身体的颜色也可能会不同。
浅棕色
棕色
深棕色

长颈鹿

出生第 26 天

长颈鹿宝宝的身高大约有 1.7 米，
它是地球上最高的动物宝宝。
小小长颈鹿，快快长高吧，
一定要比爸爸妈妈长得还要高哟！

水豚

出生
第 26 天

鼻子下面长长的，软软的。
屁股大大的，圆圆的。
刚出生的水豚宝宝，
就和爸爸妈妈长得一模一样呢。

水豚：啮齿目 豚鼠科
拍摄地点：日本那须动物王国
拍摄时间：2010 年
性别：雄性

仔细找找看

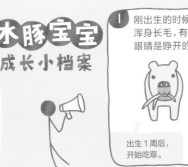

大大的眼睛。
圆圆的鼻孔。
鼻子和嘴巴周围长着长长的胡须。
身上长满直直的毛。
宽大的前脚。有 4 根脚趾，趾端有爪。
细长的后腿。有 3 根脚趾，脚趾间有蹼。出生后 1 个月就会游泳。

水豚宝宝成长小档案

1 刚出生的时候，浑身长毛，有牙齿，眼睛是睁开的。
出生 1 周后，开始吃草。
2 同一天出生的小水豚有很多只。
3 有时，水豚也会喝别的妈妈的乳汁。
别人的妈妈
自己的妈妈
4 1 岁半后，水豚就长大了，鼻子下方会变长。
雄性水豚的鼻子上方有一个深色的凸起。

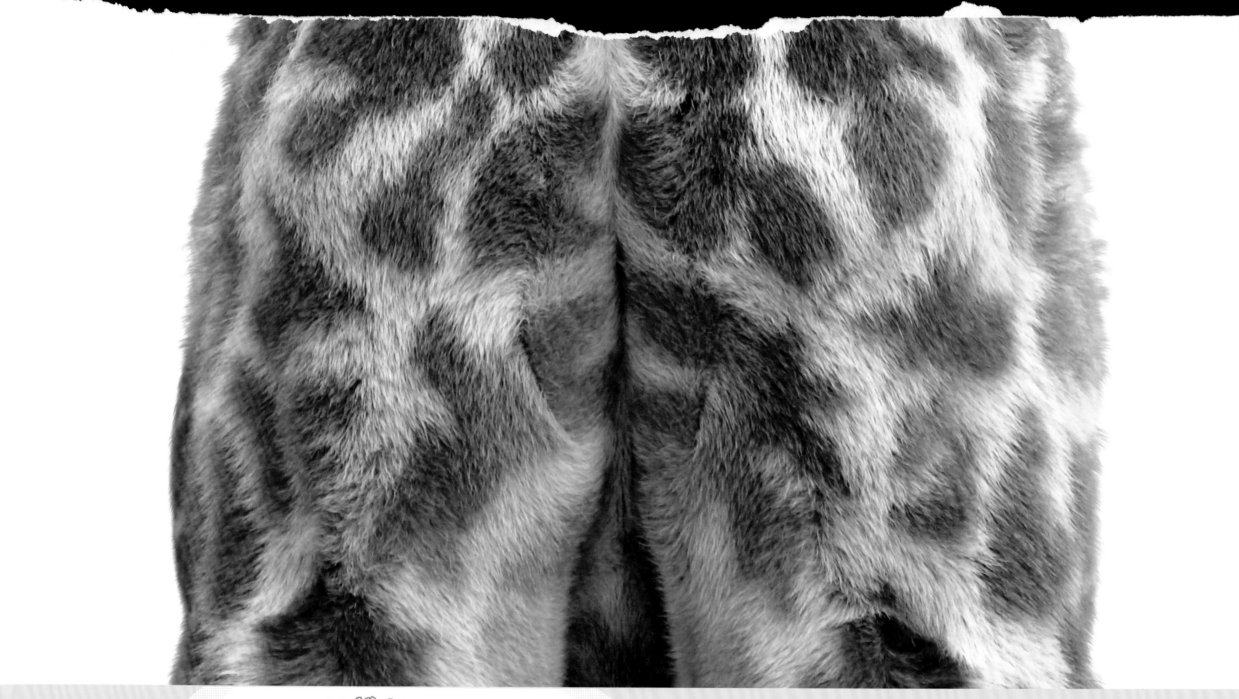

长颈鹿：偶蹄目 长颈鹿科
拍摄地点：日本札幌市
圆山动物园
拍摄时间：2011 年
性别：雄性

仔细找找看

头上长着两只角！
顶部有黑色的绒毛。

大大的耳朵！

炯炯有神的大眼睛，长长的眼睫毛。
下边也有眼睫毛。

粗糙的鼻子和突出的嘴巴上长着短毛。
上嘴唇上能看到毛孔。

白色的身体上有棕色斑块。

长长的脖子！

长颈鹿宝宝成长小档案

1 刚出生的时候，角是耷拉着的，1周后才能立起来。
2 想知道小长颈鹿的性别，可以从它们尿尿的位置来判断。
雄性
雌性
雄性排尿的位置在肚子中间。
雌性排尿的位置在尾巴下面。
3 2个月后开始吃草，但还是更喜欢吃奶。
4 1岁后就断奶了，小长颈鹿长大了！
鹿角上的毛变得稀少。
嘴巴变长。
身上的斑块颜色越来越深。

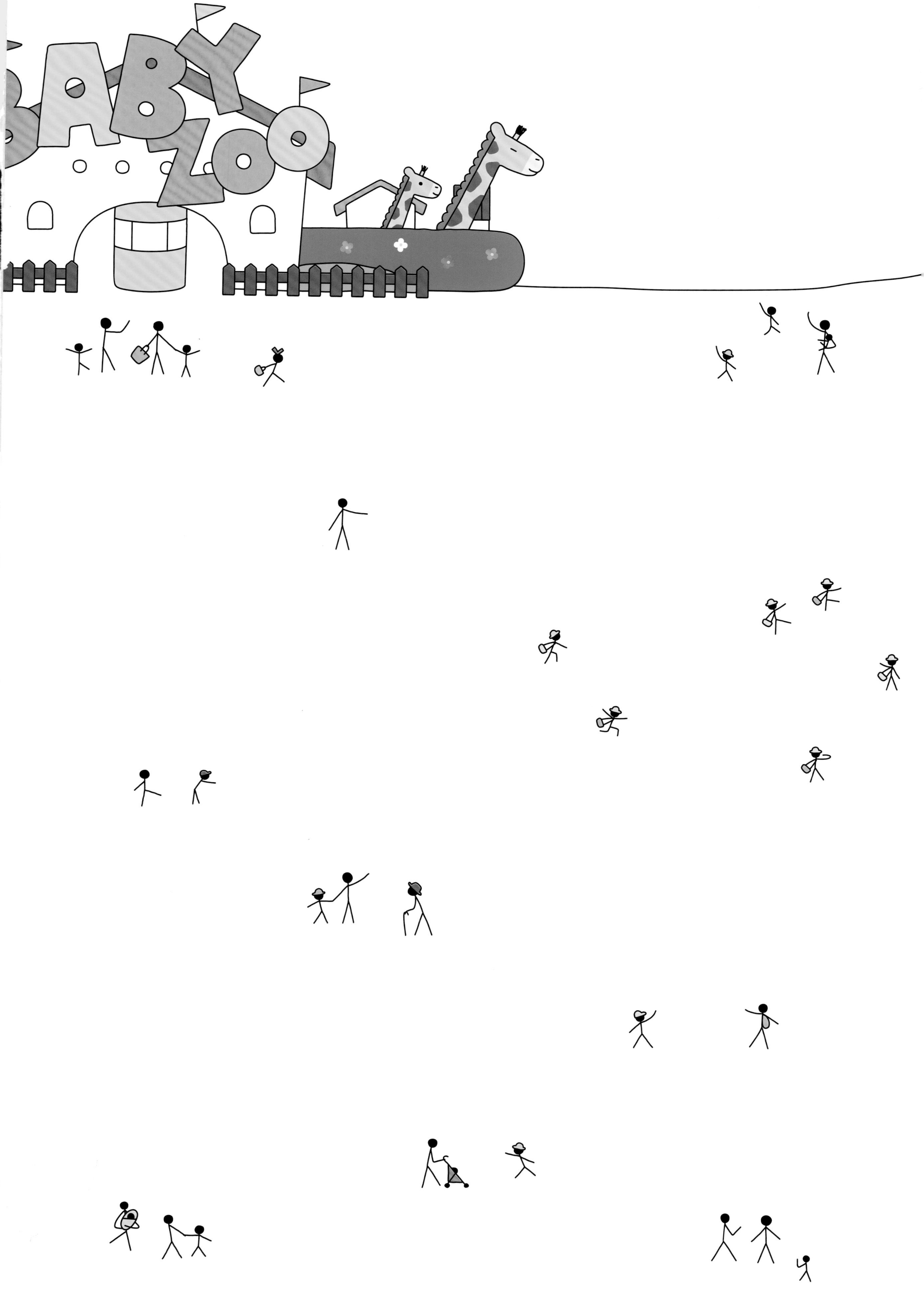
BABY ZOO

监修 ● 小宫辉之（日本东京上野动物园第 15 任园长）

出生于日本东京。在明治大学农学部毕业后，进入多摩动物公园工作。主要负责日本本土动物的饲养和繁育。曾在上野动物园井之头自然文化园工作。2004 年至 2011 年担任上野动物园园长。2006 年首次成功实现了熊的人工冬眠展示。主要作品有《日本的哺乳动物》《日本的家畜家禽》《震撼之书·动物原来这么大》系列等。

摄影 ● 尾崎环

出生于日本熊本县。19 岁学习潜水时，被海洋动物的优美姿态所感动，辞去保育员的工作，进入摄影工作室工作。一边从事商业摄影，一边自学水下摄影。后来拜水下摄影师中村征夫先生为师，学习了 11 年水下摄影。现在是自由职业者，参与了很多专题摄影的工作。主要作品有《震撼之书·动物原来这么大》系列、《海风日记》《复原》《水俣物语》等。

绘 ● 柏原晃夫

出生于日本兵库县。曾就职于设计生产（株）京田娱乐制作所，负责舞台、图书、WEB、人物等的策划设计和插图绘制。亲自设计和绘制插图的作品有《震撼之书·动物原来这么大》系列、《一起玩吧》系列、《手指游戏绘本》系列、《一年级小学生的汉字绘本》《有趣的识字书》等。

文 ● 高冈昌江

出生于日本爱媛县。自由撰稿人。主要作品有《震撼之书·动物原来这么大》系列、《食物对对碰绘本》《相似图鉴》《雌雄动物图鉴》《放在一起看看》系列《纸的大研究》《颜色的大研究》《蝉和我同岁》《工作场所参观书！动物园和水族馆里的工作者》等。

译 ● 王志庚

研究馆员，国家图书馆典藏阅览部主任兼少儿馆馆长，中国图书馆学会理事，中国儿童文学研究会理事。致力于少年儿童阅读研究与服务工作，兼职从事童书研究和翻译评论。翻译出版《图画书宝典》《神奇牙膏》等百余部图画书。

审读 ● 孙忻

中国动物学会理事、中国动物学会科普工作委员会副主任，原国家动物博物馆副馆长、展示馆馆长。

图书在版编目（CIP）数据

动物原来这么大. 宝宝馆 /（日）小宫辉之监修；（日）尾崎环摄影；（日）柏原晃夫绘；（日）高冈昌江文；王志庚译. — 北京：海豚出版社，2020.10

（震撼之书）

ISBN 978-7-5110-5176-9

Ⅰ. ①动… Ⅱ. ①小… ②尾… ③柏… ④高… ⑤王… Ⅲ. ①动物－儿童读物 Ⅳ. ①Q95-49

中国版本图书馆 CIP 数据核字（2020）第 039333 号

震撼之书·动物原来这么大：宝宝馆

监修●［日］小宫辉之（日本东京上野动物园第 15 任园长） 摄影●［日］尾崎环

绘●［日］柏原晃夫 文●［日］高冈昌江 译●王志庚

出 版 人：王 磊

选题策划：禹田文化 装帧设计：王 锦

执行策划：杨 晴 内文设计：张 然

责任编辑：杨文建 李宏声 责任印制：于浩杰 蔡 丽

项目编辑：周 雯 法律顾问：中咨律师事务所 殷斌律师

版权编辑：张静怡

出 版：海豚出版社

地 址：北京市西城区百万庄大街 24 号

邮 编：100037

电 话：010-88356856 010-88356858（发行部）

010-68996147（总编室）

印 刷：北京华联印刷有限公司

经 销：全国新华书店及各大网络书店

开 本：8 开

印 张：7

字 数：210 千

版 次：2020 年 10 月第 1 版 2020 年 10 月第 1 次印刷

标准书号：ISBN 978-7-5110-5176-9

定 价：105.00 元

动物亲子团 2

- 体长：从鼻尖儿到尾巴根部的长度
- 尾长：尾巴的长度
- 肩高：从脚底到肩的高度
- 分布：生活的地域
- 产仔数：一次生产后代的数量

※ 这里标示的数值，以成年动物为参考标准。

日本野猪【偶蹄目 猪科】

体长 80~200 厘米
肩高 50~110 厘米
体重 40~320 千克
分布 日本（本州、四国、九州）
产仔数 4~6 个

长颈鹿【偶蹄目 长颈鹿科】

体长 380~470 厘米　肩高 250~370 厘米
体重 约 550~1900 千克　分布 非洲　产仔数 1 个

美洲野牛【偶蹄类 牛科】

体长 380 厘米　肩高 200 厘米
体重 500~1100 千克　分布 北美洲　产仔数 1 个

羊驼【偶蹄目 骆驼科】

体长 125~150 厘米　肩高 80~100 厘米
体重 55~65 千克　原产地 南美洲　产仔数 1 个

※ 原产地：家畜的原始产地

马鹿【偶蹄目 鹿科】

体长 165~250 厘米
肩高 120~150 厘米
体重 90~350 千克
分布 亚洲、欧洲
产仔数 1 个

白犀【奇蹄目 犀科】

体长 335~420 厘米　肩高 150~185 厘米
体重 1400~3600 千克　分布 非洲中部、南部
产仔数 1 个